ISSN 0371-327X

SITZUNGSBERICHTE DER SÄCHSISCHEN AKADEMIE
DER WISSENSCHAFTEN ZU LEIPZIG

Mathematisch-naturwissenschaftliche Klasse
Band 118 · Heft 1

HANS JÜRGEN RÖSLER

GEOWISSENSCHAFTEN UND GEOCHEMIE

AKADEMIE-VERLAG BERLIN
1985

SITZUNGSBERICHTE DER SÄCHSISCHEN AKADEMIE DER WISSENSCHAFTEN ZU LEIPZIG

MATHEMATISCH-NATURWISSENSCHAFTLICHE KLASSE

Band 111

Heft 1 Prof. Dr. WILHELM MAIER, Vom Erbe Bernhard Riemanns 1975. 16 Seiten – 8° – M 2,50

Heft 2 Prof. Dr. med. HANS DRISCHEL, Organismus und geophysikalische Umwelt 1975. 50 Seiten – 25 Abbildungen – 1 Tabelle – 8° – M 7,–

Heft 3 Prof. Dr. MARIA HASSE, Zum Begriff des allgemeinen Produkts von Kategorien 1975. 32 Seiten – 8° – M 5,–

Heft 4 Prof. Dr.-Ing. h. c. KURT SCHWABE, Analytische Probleme des Umweltschutzes 1975. 28 Seiten – 9 Abbildungen – 2 Tabellen – 8° – M 3,50

Heft 5 Prof. Dr. WOLFGANG BUCHHEIM, Die kopernikanische Wende und die Gravitation 1975. 36 Seiten – 2 Farbtafeln – 8° – M 5,–

Heft 6 Prof. Dr. HERMANN BERG, Photopolarigraphie und Photodynamic 1975. 19 Seiten – 2 Abbildungen – 2 Tabellen – 8° – M 3,–

Heft 7 Prof. Dr. MANFRED GERSCH, Probleme der Insektizide aus heutiger Sicht 1976. 36 Seiten – 9 Abbildungen – 2 Tabellen – 8° – M 4,–

Band 112

Heft 1 Prof. Dr. WALTER BREDNOW, Spiegel, Doppelspiegel und Spiegelungen – eine „wunderliche Symbolik" Goethes 1975. 28 Seiten – 4 Abbildungen – 8° – M 3,–

Heft 2 Prof. Dr. ARTUR LÖSCHE, Über negative absolute Temperaturen. Eine Einführung 1976. 26 Seiten – 12 Abbildungen – 8° – M 4,–

Heft 3 Prof. Dr. med. HERBERT JORDAN, Kurorttherapie: Prinzip und Probleme 1976. 31 Seiten – 10 Abbildungen – 1 Tabelle – 8° – M 4,50

Heft 4 Prof. Dr. FRIEDRICH WOLF / Dr. PETER FRÖHLICH, Zur Druckabhängigkeit von Ionenaustauschreaktionen 1977. 13 Seiten – 6 Abbildungen – 1 Tabelle – 8° – M 2,–

Heft 5 Prof. Dr. DIETRICH UHLMANN, Möglichkeiten und Grenzen einer Regenerierung geschädigter Ökosysteme 1977. 50 Seiten – 20 Abbildungen – 2 Tabellen – 8° – M 6,50

Heft 6 Prof. Dr. ERICH RAMMLER, Zwei Jahrzehnte Entwicklung des Einsatzes der Energieträger Kohle und Erdöl im Weltmaßstab 1977. 29 Seiten – 6 Abbildungen – 4 Tabellen – 8° – M 4,–

Heft 7 Prof. Dr. ULRICH FREIMUTH, Umweltprobleme in der Ernährung 1977. 32 Seiten – 3 Abbildungen – 4 Tabellen – 8° – M 4,–

Band 113

Heft 1 Prof. Dr. ERICH LANGE, Allgemeingültige Veranschaulichung des II. Hauptsatzes 1978. 22 Seiten – 10 grafische Darstellungen – 8° – M 4,–

Heft 2 Prof. Dr. HERBERT BECKERT, Bemerkungen zur Theorie der Stabilität 1977. 19 Seiten – 8° – M 2,50

Heft 3 Prof. Dr. sc. KLAUS DÖRTER, Probleme und Erfahrungen bei der Entwicklung einer intensiven landwirtschaftlichen Produktion im Landschaftsschutzgebiet des Harzes 1978. 20 Seiten – 6 Abbildungen, davon 4 farbige auf 2 Tafeln – 2 Tabellen – 8° – M 7,–

Heft 4 Prof. Dr. sc. med. HANS DRISCHEL, Elektromagnetische Felder und Lebewesen 1978. 31 Seiten – 14 Abbildungen – 2 Tabellen – 8° – M 5,–

Heft 5 Prof. Dr. MANFRED GERSCH, Wachstum und Wachstumsregulatoren der Krebse. Biologische Erkenntnisse und generelle Erwägungen 1979. 32 Seiten – 13 Abbildungen – 1 Tabelle – 8° – M 6,–

ISSN 0371-327X

SITZUNGSBERICHTE DER SÄCHSISCHEN AKADEMIE
DER WISSENSCHAFTEN ZU LEIPZIG

Mathematisch-naturwissenschaftliche Klasse
Band 118 · Heft 1

HANS JÜRGEN RÖSLER

GEOWISSENSCHAFTEN
UND GEOCHEMIE

Mit 11 Abbildungen

AKADEMIE-VERLAG BERLIN
1985

Vorgetragen in der Sitzung am 9. Dezember 1983
Manuskript eingereicht am 24. Mai 1984
Druckfertig erklärt am 2. April 1985

Erschienen im Akademie-Verlag Berlin, DDR - 1086 Berlin, Leipziger Straße 3—4

Lizenznummer: 202 · 100/504/85
Printed in the German Democratic Republic
Gesamtherstellung: VEB Druckhaus „Maxim Gorki", 7400 Altenburg
LSV 1455
Bestellnummer: 763 423 8 (2027/118/1)

00400

Es ist die Absicht dieses Beitrages, eine Wissenschaft vorzustellen und nahezubringen, die bisher in diesem Kreise zwar in ihren Auswirkungen angeklungen ist, von ihren Grundlagen, Absichten und Anwendungen her jedoch noch nicht ausführlich dargelegt wurde. Die Geochemie hat sich zwar erst in diesem Jahrhundert aktiv entwickelt, sie zählt aber trotzdem zu den progressivsten Teildisziplinen der geologischen Wissenschaften.

Geowissenschaften und Geochemie

Es erscheint zum Verständnis der Stellung der Geochemie notwendig, einen kurzen Blick auf die geschichtliche Entwicklung dieser geologischen Wissenschaften zu werfen. Diese haben sich in Form der Geologie und der Mineralogie vor allem im 18. und 19. Jahrhundert herausgebildet. Ihre starke Entwicklung ist neben dem allgemeinen Interesse dieser Zeit an naturwissenschaftlicher Erkenntnis insbesondere ein Produkt des gesellschaftlichen Bedürfnisses, mineralische Rohstoffe in immer größerem Maße (im Rahmen der einsetzenden kapitalistischen Entwicklung) der Industrie zur Verfügung zu stellen. Zur Befriedigung dieses Bedürfnisses war es unumgänglich, sich mit den *Gesetzmäßigkeiten* des Auftretens von mineralischen Rohstoffen zu befassen. Man mußte also die zugängliche Erdkruste in ihren Lagerungsverhältnissen (Geologie) und ihrer Zusammensetzung (Mineralogie, Petrographie) erkunden.

Da in dem sächsisch-thüringischen Raum seit dem frühen Mittelalter wertvolle Erze und Erzgänge entdeckt wurden, die zur Gewinnung der Metalle verhüttet werden mußten, war es verständlich, daß die Mineralogie bei der Erkennung und Unterscheidung der Minerale eine besondere Rolle spielte. In dem Maße aber, wie sedimentäre oder sedimentogene Vererzungen in die Suche und bergbauliche Gewinnung einbezogen wurden, begann auch die räumliche Bindung der Mineralisationen an Bedeutung zu gewinnen und war einer der Ausgangspunkte der intensiven Entwicklung der Geologie.

Die Methodik, der sich die Geologie und Mineralogie in ihren Anfängen bediente, war zunächst die Beschreibung von ohne Hilfsmittel sichtbaren und feststellbaren Tatbeständen. Ein Gestein, das an verschiedenen Fundstellen gleichartig aussah (nach Farbe, Körnigkeit, Mineralbestand usw.), wurde auch als zusammengehörig und meist genetisch gleich angesehen. Ähnlich war es in der Mineralogie. Beide Wissenschaften nutzten aber bald sich z. T. in ihrem Rahmen entwickelnde weitere Teildisziplinen zu ihrer Unterstützung. So erreichte z. B. die Geologie durch Einbau der Paläontologie (d. h. durch die Kenntnisse der gesetzmäßigen Entwicklung fossiler Lebewesen) wesentliche Fortschritte bei der relativ-altersmäßigen Gliederung, vor allem der Sedimente. Und die Mineralogie baute die kristallographischen Erkenntnisse ein, um durch die Form der Minerale besser diagnostische Aussagen machen zu können.

Mikroskopische Untersuchungen mit einer besonderen Technik unterstützten in der Folgezeit diese Bemühungen. Mit der Entwicklung der Chemie, speziell der Analytischen Chemie im 19. Jahrhundert, insbesondere der Entdeckung einer großen Zahl neuer Elemente, war auch die Möglichkeit gegeben, die geologische Substanz und insbesondere die Minerale, genauer chemisch zu charakterisieren. Sie wollen dabei bedenken, daß im Jahr 1700 nur 15 chemische Elemente bekannt waren, um 1800 etwa 30 und im Jahr 1850 etwa 60 Elemente. Mit dieser Entdeckungsflut der chemischen Elemente nahm natürlich gleichermaßen die Entdeckung von neuen Mineralen sprunghaft zu.

Alles in allem muß man jedoch feststellen, daß das geologisch-mineralogische Arbeiten und Denken bis zur Mitte bzw. zum Ende des 19. Jahrhunderts sich im wesentlichen auf Methoden stützte, die die megaskopische Sichtbarkeit und Überprüfbarkeit beinhalteten und ihrem Wesen nach empirisch und qualitativ angelegt waren. Wir können stolz darauf sein, daß diese erste Periode der Entwicklung der Geowissenschaften sich vor allem in unserem (sächsisch-thüringischen) Raum vollzog und daß viele der hier beheimateten oder arbeitenden Wissenschaftler zu Pionieren der geologischen Wissenschaften zählen.

Entwicklung, Aufgabe und Konzeption der Geochemie

In unserem Jahrhundert begann eine neue Periode der Entwicklung der geologischen Wissenschaften, vor allem durch das Auftreten zweier geowissenschaftlicher Teildisziplinen, der Geophysik und der Geochemie.

Der Zeitpunkt ihres fast gleichzeitigen Erscheinens läßt die Vermutung zu, daß

1. offensichtlich die Zeit auf Teilgebieten reif war, die traditionell behafteten Geowissenschaften, z. B. mit physikalischen und chemischen Methoden, zu modernisieren, d. h. sie zu quantifizieren, und
2. die Physik und Chemie sich soweit entwickelt hatten, daß sie eine handhabbare Meßmethodik zur Verfügung stellen konnten, die diese Quantifizierbarkeit garantiert.

Die Quantifizierung der geologischen Fakten und Daten ist anerkannterweise ein objektiv notwendiger Schritt. Daß dieser Weg aber von erheblichen Schwierigkeiten und Widersprüchen objektiver und auch subjektiver Art belegt ist, sei hier nur vermerkt. Zu den Schwierigkeiten objektiver Art gehört die Tatsache, daß viele der geologischen Beobachtungstatsachen und ihre Beziehungen zueinander sich schwer in Zahlen wiedergeben, d. h. sich schwierig mathematisieren lassen. Es ist eben nicht so einfach, beispielsweise den tektonischen Vorgang einer großräumigen Geosynklinalbildung mit ihren komplexen zeitlichen, räumlichen und substantiellen Wirkungen und Wechselwirkungen in einem mathematischen Formalismus unterzubringen, um ihn dann einer Datenverarbeitung zuzuführen. Es ist aus diesem Grunde verständlich, daß sich die apriori von den geologischen Mechanismen weitgehend freien chemischen und physikalischen Daten besser für eine Quantifizierung eignen.

Die Klassiker der Geochemie, zu denen wir insbesondere den Amerikaner F. W. Clarke (1847—1941), den Deutschen V. M. Goldschmidt (1888 bis 1947), die sowjetischen Wissenschaftler V. I. Vernadskij (1863—1945) und A. E. Fersman (1883—1945) zählen, haben die Aufgabe und das Ziel der Geochemie nicht ganz einheitlich definiert. Das ist aus der Entwicklung heraus durchaus verständlich, zumal die Unterschiede nicht prinzipieller Natur sind. Wir definieren die Aufgaben der Geochemie heute wie folgt:

„Die Geochemie studiert die Verteilungsgesetze der chemischen Elemente und Isotope der Erde in der Vergangenheit und Gegenwart“.

In dieser Kurzfassung steckt die ganze Größe, aber auch die Kompliziertheit der Aufgabenstellung. Ich will versuchen, dies anhand der Definition etwas näher zu erläutern.

Wenn ich *Gesetze* der Verteilung studieren und erkennen will, muß ich normalerweise zunächst die Verteilung der Elemente und Isotope selbst kennen. Man muß also als erstes in diesem konkreten Fall den Chemismus aller Teile der Erde erfassen, von den Mineralen angefangen über das Wasser, die Gase bis beispielsweise zu den großen regionalen Gesteinskomplexen. Daran arbeitet die Geochemie seit fast 100 Jahren und wird wahrscheinlich nie aufhören, diesen Datenfundus zu vergrößern und zu verfeinern. Wenn man bedenkt, daß trotz übertiefer Bohrungen, trotz einer aufwendigen Kartierung der Meeresböden und trotz des Studiums der aus der Tiefe kommenden Magmen immer nur ein Bruchteil der Erde zur Analyse kommt, kann man sich die Schwierigkeit dieses ersten Schrittes zur Lösung der Aufgaben vorstellen. Dieser erste Schritt hat aber den Vorteil, daß er eine konkrete analytische Aufgabe ist, die letztlich machbar und die für sich bereits verschiedentlich praktisch nutzbar ist, beispielsweise zur chemischen Charakterisierung mineralischer Rohstoffe. Man kann diesen im wesentlichen statisch angelegten Teil geochemischer Arbeiten unter dem Begriff einer „Chemischen Geologie“ zusammenfassen, obwohl es hier auch unterschiedliche Meinungen gibt.

Wie bereits gesagt, ist die Hauptaufgabe der Geochemie aber die Erfassung der *Verteilungsgesetze* der chemischen Elemente und Isotope in der Erde. Das heißt, daß die Frage gestellt wird, warum ein bestimmtes Element (oder Isotop) zu einem bestimmten Zeitpunkt (beispielsweise heute) sich in einem bestimmten Teil der geochemischen Materie befindet. Diese Frage setzt die für einen Naturwissenschaftler (speziell Geowissenschaftler) selbstverständliche Tatsache voraus, daß die Elemente und Isotope im Laufe der etwa $4^1/_2$ Milliarden Jahre umfassenden Erdgeschichte mit ablaufenden geologischen und geochemischen Prozessen *wandern* oder migrieren. Diese Migration kann, schematisch gesehen, mehrfach in Form von geochemischen Zyklen oder Kreisläufen vor sich gehen und führt einerseits zur Homogenisierung bzw. andererseits zur Anreicherung bestimmter Elemente während eines geologischen Bildungsprozesses.

Dieses *dynamische* Moment der Elementmigration ist nun nicht mehr so einfach zu erfassen wie die Verteilung der Elemente in der geologischen Materie. Es gibt eine große Zahl von Faktoren, die diese Migration beeinflussen. Der sowjetische Geochemiker A. E. Fersman, dessen 100. Geburtstag wir in diesem Jahr feierten, hat erkannt, daß man sie in zwei Gruppen gliedern kann, nämlich in die inneren und die äußeren Migrationsfaktoren.

Die *inneren Faktoren* beeinflussen die Migrationsfähigkeit durch die meist konstanten atomeigenen Eigenschaften des Atombaus, speziell der Elektronenhülle (u. a. meßbar in Form der Atomradien und der Wertigkeit) sowie davon z. T. abgeleitete Eigenschaften der kristallinen Materie, wie z. B. Gitterenergie, Isomorphie, Diadochie einschl. der Radioaktivität.

Die *äußeren Faktoren* beeinflussen die inneren Migrationsfaktoren der Atome und ihrer Verbindungen durch Wirkung von außen. Zu ihnen gehören solche allgemeinen Wirkungen wie die Gravitationsenergie, die Sonnenenergie, der Wärmefluß der Erde, die äußere Wirkung der Radioaktivität sowie der Druck, die Temperatur, die Konzentration, aber auch solche sog. Milieufaktoren wie der p_H-Wert, das Redoxpotential, die Sorptionsfähigkeit, die vor allem in wäßriger Umgebung meßbar sind, und andere Faktoren.

Die gemeinsame und meist sehr komplexe Wirkung dieser Faktoren bestimmt letztlich das spezifische Migrationsverhalten eines Elementes, das im günstigsten Fall zu einer lokalen Anreicherung und damit zu einer Lagerstättenbildung führen kann und somit die praktisch nutzbare Komponente dieser Überlegungen und Rechnungen andeutet. Es ist aber sicher auch erkennbar, mit welchen Schwierigkeiten die Bestimmung der einzelnen Migrationsfaktoren verknüpft ist, da sie oft die Anwendung spezifischer und aufwendiger physikalischer, chemischer, physikochemischer, biologischer und anderer

Untersuchungsmethoden voraussetzen. In vielen Fällen hat sich die Geochemie auf der Basis der theoretischen Erkenntnisse und Verfahren eigene, oft vereinfachte Schemata ausgearbeitet. Bei dieser Einschränkung ist zu beachten, daß der Geowissenschaftler auf Grund der Komplexität der Genese und der Genese und der Zusammensetzung der geologischen Materie oft nur Tendenzen der Entwicklung ablesen will und kann.

Ein weiterer Eckpfeiler der Definition der Geochemie ist die Aufgabe, die Elemente und Isotope der Erde in der Gegenwart und in der Vergangenheit zu untersuchen. Hierdurch wird klar ausgedrückt, daß die Geochemie eine *historische* Wissenschaft wie alle anderen Geowissenschaften ist und sich in dieser Beziehung relativ klar von der Chemie abgrenzt. Es hat nicht an Versuchen gefehlt, die Geochemie auf Grund ihrer stark von der Chemie übernommenen Untersuchungsmethodik zu einer Teildisziplin der chemischen Wissenschaften zu erklären, die sich lediglich im geologischen Untersuchungsobjekt von ihr unterscheidet. Die Erkenntnis, daß sich die geochemischen Migrationsbedingungen im Laufe der Erdgeschichte geändert haben und z. T. ganz andere qualitative und quantitative Ausmaße angenommen haben, ist nicht mit den Hauptaufgaben der Chemie in Einklang zu bringen, die sich mit der Realisierung und Erklärung von Stoffwandlungsprozessen unter *künstlich* geschaffenenen Bedingungen befassen.

Dieser historische Aspekt schließt außerdem die Aufgabe und Notwendigkeit mit ein, die geochemische Entwicklung der Erde als Teil der Evolution der gesamten kosmischen Materie zu sehen. Erst die *kosmische* Entwicklung der Materie gab (unter Anerkennung ihrer Einheitlichkeit) die Möglichkeit, aus den allgemeingegenwärtigen Grundbausteinen der Materie (Quanten, Protonen, Neutronen, Elektronen und andere Nuklide) in bestimmten Sternen unter hohen Drücken und extremen Temperaturen Elemente und Isotope zu *synthetisieren*. Diese praktisch nur im astralen Stadium entstehenden chemischen Elemente werden durch die Zerstörung dieser Sterne wieder freigesetzt und zusätzlicher Teil der Materie des Weltraums, so daß durch erneute Massenkontraktion neue Sterne mit den sie umgebenden ringförmigen Hüllen von kosmischem Staub entstehen können, aus denen sich die Planeten zusammenballen. Ein solcher Weg ist auch für die Bildung unseres Sonnensystems und unserer Erde wahrscheinlich.

Wir erkennen also, daß ein Planet wie unsere Erde chemisch vorbestimmt ist, daß andere Planeten aber durchaus andere Elementverhältnisse (nicht Elementarten) aufweisen können. Aus Analogiegründen zum Chemismus anderer kosmischer Körper (z. B. bestimmter Meteoriten und des Mondes) nimmt man heute an, daß die Ausgangsmaterie der Erde etwa den Chemismus eines kohlenstoffhaltigen Eisensilikat-Meteoriten hatte. Erst die Kompaktion dieser ursprünglich „kalten“ Materie sowie die Wirkung radioaktiver Prozesse

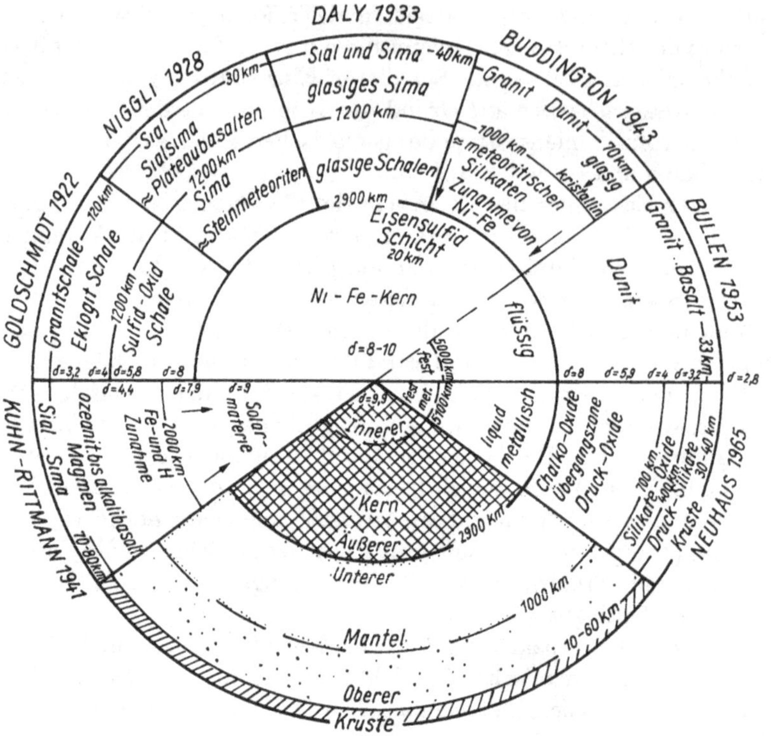

Abb. 1. Geophysikalische und mineralogisch-geochemische Gliederung der Erde [15]

In dem unteren Teil des Kreises ist die generelle Gliederung in die Geosphären Erdkern, Erdmantel und Erdkruste eingetragen, wobei die km-Angaben die geophysikalischen (seismisch) festgestellten Inhomogenitätsgrenzen widerspiegeln (z. B. Mohorovičić-Diskontinuität, Gutenberg-Diskontinuität). Im oberen Teil sind die Anschauungen verschiedener Wissenschaftler zu der substantiellen Interpretation des Erdinneren dargestellt.

führte durch die freigesetzte Energie zu einer gewissen Aufheizung der Erde, die eine primäre geochemische Differentiation der Erdsubstanz, im wesentlichen nach der Dichte, zur Folge hatte und zu dem bekannten Schalenaufbau der Erde führte (Abb. 1). Dieser ersten Stufe der geochemischen Differentiation folgte eine zweite, die zur weiteren geochemischen Entwicklung der Geosphären, speziell auch der Erdkruste führten. Sie sind mit solchen Vorstellungen verknüpft wie der Erdentgasung, der Krustenveränderung und -verdickung durch Geosynklinalbildung und Orogenese bzw. durch solche der modernen Plattentektonik, weiter durch die Entstehung der Wasser- und Gashülle und letztlich durch die fast 4 Milliarden Jahre dauernde Entwicklung des Lebens auf der Erde. Die chemischen Elemente verteilen sich in und auf der Erde gesetzmäßig. In Abb. 2 ist dargestellt, daß es enge Beziehungen zwischen Elementgruppen des Periodensystems und ihrer Verteilung in der Erde gibt. Die Gemeinsamkeiten der chemischen Elemente in den Elementgruppen werden

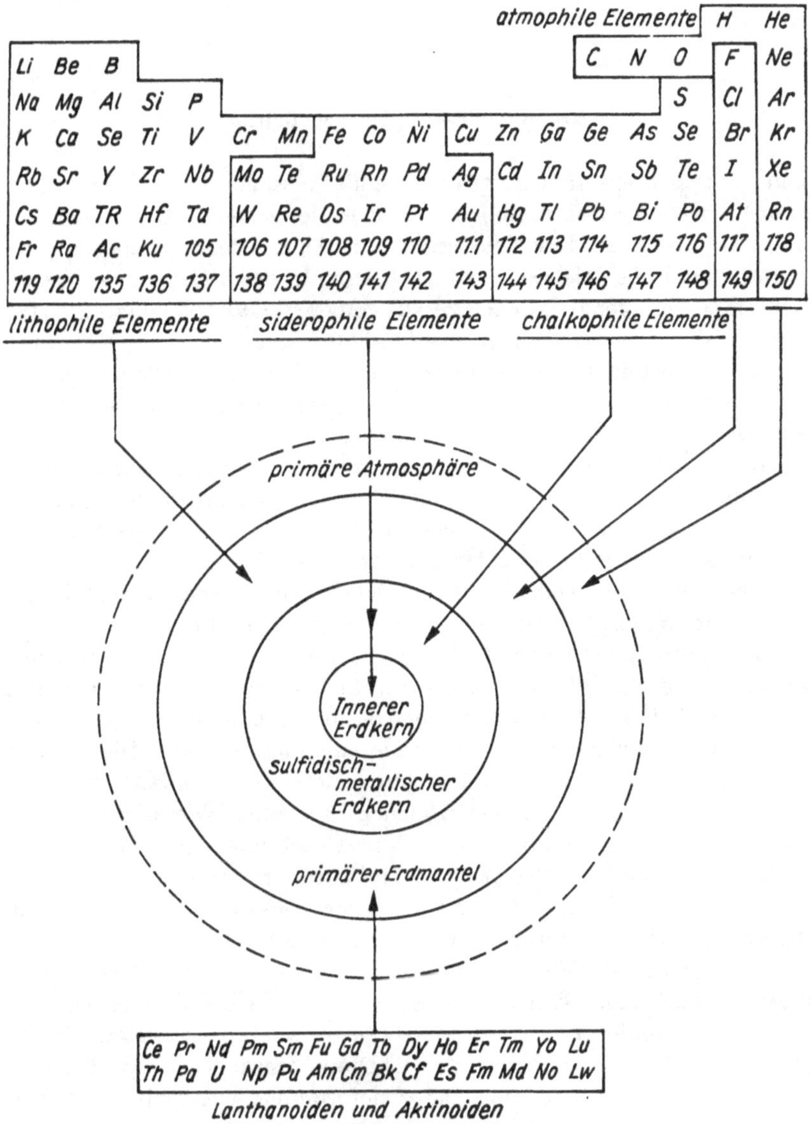

Abb. 2. Geochemische Gliederung der Erde [2]

von ihrem „geochemischen Charakter" bestimmt, der sich durch ihr gemeinsames Auftreten unter gleichen physikochemischen Bedingungen des Erdinneren dokumentiert. Die wichtigsten „Charaktertypen" sind die siderophilen, die chalkophilen, die lithophilen, die atmophilen und (nicht eingetragen) die hydrophilen Elemente.

Arbeitsmethodik der Geochemie

Ich möchte im Folgenden einige ergänzende Aussagen zu der Methodik, dem „Apparat" machen, dessen sich die Geochemie bedient. Das folgende Bild (Abb. 3) zeigt, daß man diese Gliederung von verschiedenen Standpunkten aus durchführen kann, beispielsweise vom Standpunkt der untersuchten *Bausteine*, vom untersuchten geologischen *Objekt*, von der *Untersuchungsmethode* und letztlich von der Art, den Stoff in der *Lehre* darzustellen.

Nach den Bausteinen unterscheiden wir die klassische Elementgeochemie (die Geochemie i. e. S.), die moderne Isotopengeochemie und die sich erst in jüngster Zeit entwickelnde Kolloidgeochemie.

Die Unterteilung nach den geochemischen Objekten erfolgt weitgehend nach der Geochemie der Geosphären, die dem Geochemiker zugänglich sind. Natürlich lassen sich bei den einzelnen Geosphären noch weitere Untergliederungen vornehmen. Als übergeordnetes Objekt kann man die Kosmochemie betrachten, die sich weitgehend selbständig entwickelt, sich aber auch als Überbegriff für die gesamte objektgebundene Geochemie ansehen läßt.

Von dem untersuchungsmethodischen Standpunkt ist als traditioneller Schwerpunkt die Analytische Geochemie anzusehen. Sie wird immer mehr durch die synthetische Geochemie ergänzt, in der u. a. Probleme der experimentellen bzw. physikalischen Geochemie eingefügt werden. Die Historische Geochemie kann nur z. T. als Untersuchungsmethode klassifiziert werden.

Die in der Lehre der Geochemie üblichen bzw. möglichen didaktischen Untersuchungen sind allgemein verständlich und auch in anderen Wissensdisziplinen gebräuchlich. Auf sie wird noch einmal zurückzukommen sein.

Lassen Sie mich nun aus jedem der 4 Fächer eines der hier allerdings unvollständig aufgeführten Stichworte etwas näher erläutern.

Beginnen wir bei der Methodik und wählen uns die *Analytik*, als die bisher wichtigste Methode, aus. Es ist zunächst festzustellen, daß die Geochemie praktisch alle von Chemie und Physik angebotenen analytischen Methoden nutzt, verschiedentlich in modifizierter Form. Diese Tatsache erfordert vom Geochemiker eine breite, nicht immer aber tiefgründige Kenntnis der Methoden, um sie gezielt für eine bestimmte Aufgabe einsetzen und die produzierten Daten sachgemäß interpretieren zu können.

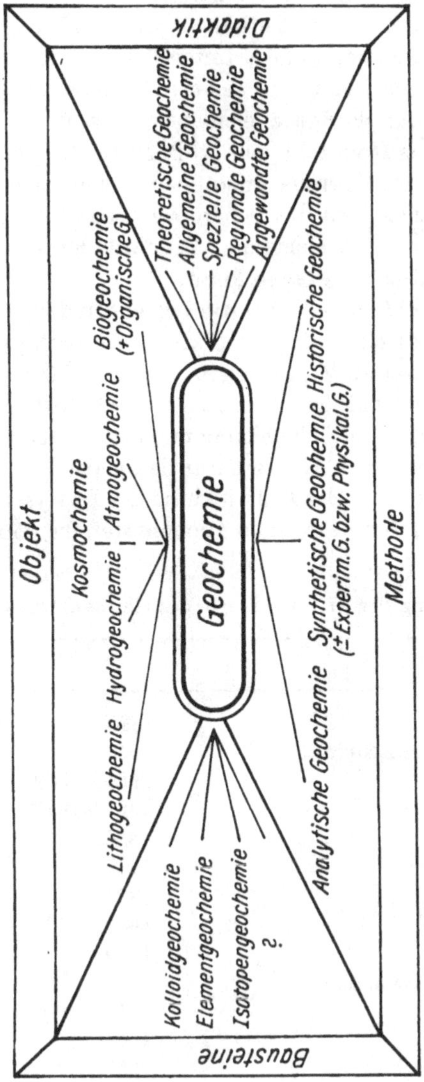

Abb. 3. Gliederung der Geochemie nach unterschiedlichen Gesichtspunkten [15]

Eine besondere Rolle spielen die Verfahren, die in der Lage sind, sehr geringe Mengen quantitativ nachzuweisen. Deshalb erfreuen sich beispielsweise die verschiedenen Spektral- und Aktivierungsverfahren großer Beliebtheit. Wir nennen solche Elemente, die im Verhältnis zu den Elementen der geologischen Matrix in geringen Mengen (meist unter 0,1%) auftreten, Spurenelemente. Dieser Begriff ist jedoch relativ zu sehen; fast jedes chemische Element kann in bestimmter Bindung als Spurenelement auftreten (z. B. Pb in einem Kalifeldspat), in anderer als Hauptelement (z. B. Pb in Bleiglanz). Die Gesetzmäßigkeiten des Einbaus von Spurenelementen in einem Mineralgitter, die Verteilungsgesetze der überwiegend diadochen Vertretbarkeit, gehören zu den wichtigen Studienobjekten der Geochemie. Mit ihrer Hilfe lassen sich eine Reihe genetischer und praktischer Fragen lösen.

Ein spezifisches Problem der Analytik besteht in der extrem stark wechselnden Matrix der geologischen Materie und der dadurch gefährdeten Vergleichbarkeit der Analysendaten. Man versucht dieser Gefahr zu begegnen durch die Herstellung einer Vielzahl geochemischer Standards oder Referenzproben, die, genauestens durch eine Vielzahl renommierter Laboratorien analysiert, die Richtigkeit der gewonnenen Werte garantieren. Wie abhängig diese Richtigkeit der Analysendaten von der Entwicklung der Analysenmethodik, aber auch von den in die Analyse einbezogenen Probenarten ist, möge an einem Beispiel

Abb. 4. Die Entwicklung der Clarke-Werte des Germaniums seit etwa 80 Jahren [16]

Literaturangaben		Ge in ppm
Vogt, J. H. L.	1898	0,00000n
Clarke, F. W., und Washington, H. S.	1924	0,0000n
Berg, G.	1924–1930	0,0002
Vernadskij, V. L.	1925–1930	< 0,0001
Noddack, I., und Noddack, W.	1932	0,01
Berg, G.	1932	1
Goldschmidt, V. M.	1937	7
Fersman, A. E.	1933–1939	4
Vinogradov, A. P.	1949	7
Rankama, K., und Sahama, T. G.	1950	4
Goldschmidt, V. M.	1954	7
Onishi, H.	1956	1,5
El Wardani, S. A.	1957	1,0
Burton, C. T., et al.	1959	1,7
Vinogradov, A. P.	1962	1,4
Tayler, S. R.	1964	1,5
Schrön, W.	1968	1,58

demonstriert werden. Es ist üblich in der Geochemie, den gewogenen Durchschnittswert eines Elementes in der gesamten geologischen Materie, bezogen auf die Erdkruste, als Clarke-*Wert* zu bezeichnen und in Masse-% oder ppm (≙ g/t) anzugeben. Bei dem Element Germanium ergab sich die in Abb. 4 dargestellte Entwicklung des Clarke-Wertes.

Man kann eine Dreiteilung der Entwicklung ablesen, die erste von 1898 bis 1932 mit Werten von einhundertstel ppm und viel kleiner, die zweite von 1932 bis 1954 mit Schwankungen von 1—7 ppm und eine dritte von 1956 bis heute, in der sich der Clarke-Wert bei 1,5—1,6 einpegelt. In der 1. Periode ist offensichtlich die Analytik überfordert, in der 2. Periode dürften die unterschiedliche und selektive Probenauswahl eine große Rolle spielen, während die Daten der letzten Periode der Realität am nächsten kommen.

Es seien einige erläuternde Worte zu den analysierten *Bausteinen* gesagt. Die klassische Geochemie hat ihr ganzes Augenmerk auf die Aufhellung der Verteilungsgesetze der chemischen Elemente gelegt. Seit etwa 40 Jahren wird zusätzlich die Isotopengeochemie mit wachsendem Erfolg betrieben, nachdem man erkannt hat, daß die Isotopenverteilung und -verhältnisse besonders bei einigen stabilen leichten Elementen durchaus nicht so konstant sind, wie man das früher annahm. Es handelt sich insbesondere um solche Elemente wie Wasserstoff, Sauerstoff, Schwefel, Stickstoff, Kohlenstoff und die Edelgase, bei denen durch physikalische und chemische Wirkung (Verdampfen, Kondensation, Schmelzen, Kristallisieren, Diffusion usw.) Fraktionierungen der Isotope (beim Wasserstoff z. B. weit über 10%) auftreten. Bei einigen Isotopen (z. B. bei Schwefel) rufen biologische Vorgänge starke Fraktionierungseffekte hervor. Bei Kenntnis dieser quantitativen Zusammenhänge ist der Geochemiker in der Lage, Aussagen über die Herkunft und die Migrationswege der Isotope zu machen. Besondere Erfolge wurden bei der Klärung der Genese von Lagerstätten mineralischer Rohstoffe aller Art erzielt. In jüngster Zeit konzentrieren sich die isotopengeochemischen Arbeiten auf die Aufklärung der Erdentwicklung, wobei Beziehungen zwischen den ursprünglichen (primordialen) Isotopenverhältnissen, wie sie z. B. in den Meteoriten fixiert sind, und den jetzigen diskutiert werden.

Eine wichtige Rolle spielen die vor allem durch radioaktive Prozesse gebildeten Isotope, da mit ihrer Hilfe das Alter der Gesteine und geologischer Produkte ermittelt werden kann. Die verschiedenen Methoden (U/Pb, Rb/Sr, K/Ar, ^{14}C usw.) haben sich zu einem aus der geologischen Forschung nicht mehr wegzudenkenden Hilfsmittel entwickelt und unsere Vorstellungen vom sog. „absoluten" Alter der Erde und der kosmischen Materie z. T. revolutionierend verändert. Darauf kann aber hier verständlicherweise nicht näher eingegangen werden, jedoch soll in dem Abb. 5 ein Beispiel der Wirksamkeit gegeben werden.

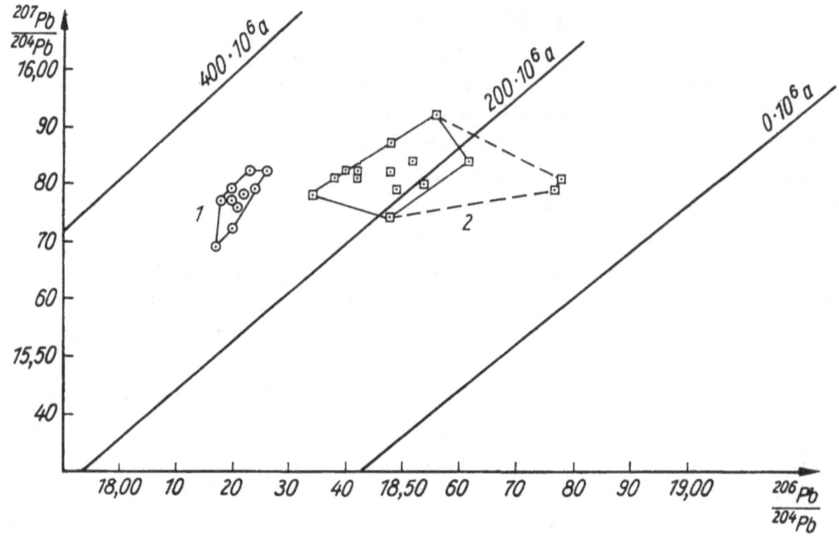

Abb. 5. Die beiden altersverschiedenen Mineralisationsetappen des Variszikums aufgrund der Bleiisotopenverhältnisse im Galenit [15]
1 Lagerstätte Freiberg 1 Mineralisationsetappe
2 Lagerstätte Freiberg. 2. Mineralisationsetappe

Bei der Gliederung der Geochemie nach den verschiedenen *Objekten* spielt die Lithogeochemie die überragende Rolle, d. h. also die Geochemie der (festen) Gesteine der Erdkruste. Von den vielfältigen substantiellen und genetischen Aspekten und Problemen, die die Lithogeochemie liefert, möchte ich Ihnen an einem Beispiel kurz zeigen, wozu diese Wissenschaft fähig ist, nämlich am Beispiel der basischen Magmatite. Diese kieselsäurearmen, meist schwarzen Ergußgesteine werden von Laien oft als „Basalte" zusammengefaßt, vom Petrographen aber nach ihrem unterschiedlichen Chemismus und Mineralbestand in eine Vielzahl von Typen unterteilt. Wichtig ist, daß diese basischen Magmen ihren Ursprung in größerer Tiefe, nämlich meist im oberen Erdmantel haben. In den Ozeangebieten treten sie ungehindert am Ozeanboden aus und bilden deren „basaltischen" Untergrund, auf den Festlandsblöcken müssen sie die sialische Kruste durchschlagen, um als Vulkane und Laven in Erscheinung zu treten.

Es ist durch experimentelle Untersuchungen erwiesen, daß diese „basischen" Magmen Produkte einer partiellen Aufschmelzung des olivinbasaltischen Erdmantelmaterials sind, die entsprechend dem Grad der Aufschmelzung unterschiedliche Chemismen haben können. Andererseits besteht theoretisch die Möglichkeit, daß diese Schmelzen Material der bereits festen und meist kieselsäurereicheren (sialischen) Kruste aufgenommen haben können nnd dadurch saurer und alkalireicher wurden. Wir haben in den letzten Jahren diese basischen Magmatite vor allem petrochemisch-geochemisch untersucht, wobei wir von dem glücklichen Zustand profitieren konnten, daß diese Gesteinstypen auf dem Gebiet der heutigen DDR über einen Zeitraum von 2—3 Milliarden Jahren gebildet wurden; die wahrscheinlich ältesten Basite liegen im Granulitkomplex nördlich Karl-Marx-Stadt, die jüngeren im sächsisch-böhmischen Erzgebirge. In dem folgenden Bild wird ein Beispiel der summarischen Auswertung von hunderten von Proben einiger charakteristischer Hauptelemente gezeigt (Abb. 6).

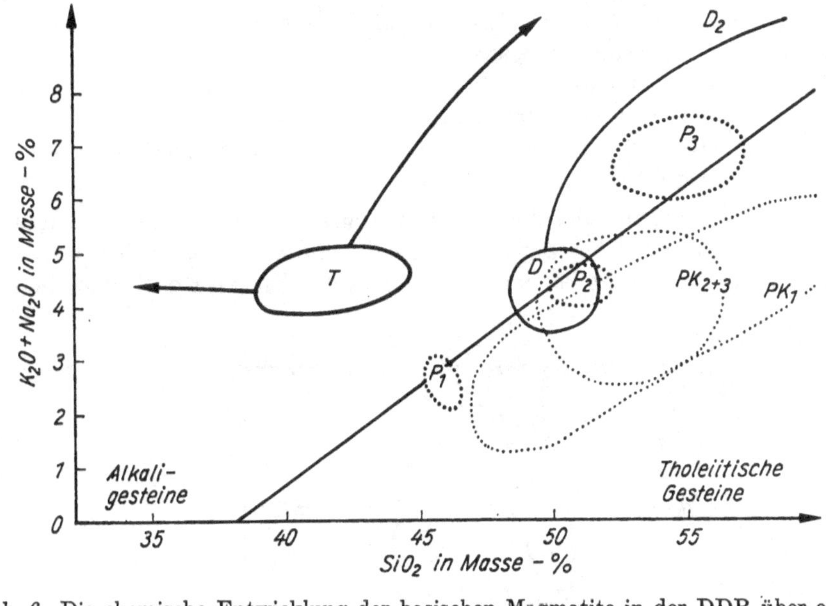

Abb. 6. Die chemische Entwicklung der basischen Magmatite in der DDR über einen Zeitraum von mindestens 2 Milliarden Jahren, dargestellt durch die Korrelation von SiO_2 zu den Alkalien [9]

Die gerade Linie trennt erfahrungsgemäß die kalkalkalisch-tholeiitischen Gesteine von den Alkaligesteinen. Die Signaturen bedeuten: PK = Präkambrium, D = devonische geosynklinale Gesteine, P = syn- und postorogene variszische Gesteine, T = tertiäre Basite.

Aus dem Bild ist zu erkennen, daß es bei den basischen Magmatiten eine zeitliche Entwicklung gibt, die wahrscheinlich im Zusammenhang mit der immer stärker werdenden Erdkruste und ihrem Einfluß auf den Chemismus der Magmatite sowie der Tieferverlagerung der Magmenherde im Erdmantel steht.

Als letzte Anmerkung sei eine solche erlaubt, die sich aus der Gliederung der Geochemie nach *didaktischen Gesichtspunkten* ergibt. Ich möchte hier die Angewandte Geochemie als Beispiel herausgreifen, um zu zeigen, daß nicht nur theoretische und genetische Probleme das Arbeitsfeld dieser Wissenschaft sind, sondern daß sie auch zur Lösung von praktischen geologischen Aufgaben herangezogen werden kann. Die wichtigsten solcher praxisnahen Forschungen der Geochemie sind:

- die *Suche* von neuen Minerallagerstätten mit geochemischen Methoden (geochemische Prospektion)
- die geochemische *Untersuchung* von Minerallagerstätten und Gesteinen (Rohstoffverteilung)
- die geochemische *Faziesanalyse* (vor allem mit Elementen und Isotopen zur Klärung der Ablagerungsbedingungen)
- die isotopengeochemischen *Alters- und Temperaturbestimmungen* (Alter und Temperatur als Grundpfeiler der Geowissenschaften)
- Geochemie der menschlichen *Umwelt* (unter dem Aspekt, daß der Hauptteil der Umweltprobleme chemischer Natur ist).

Es wäre sinnvoll, zu jeder dieser anwendungsorientierten Aufgaben mehr zu sagen, ich muß mich aber auf ein Thema beschränken und wähle das erste, die geochemischen Methoden der Suche von mineralischen Rohstoffen, aus.

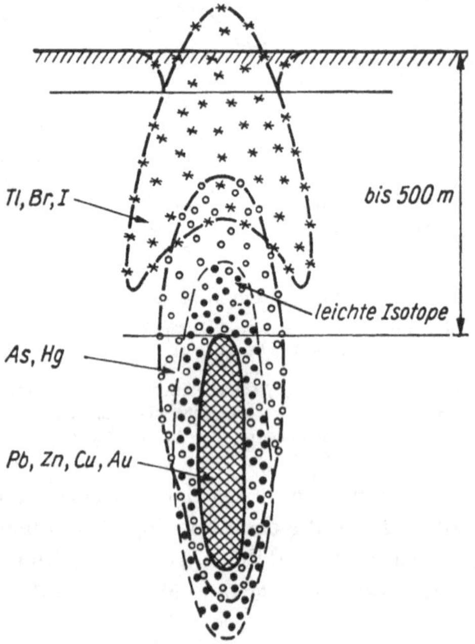

Abb. 7a

Die geochemische Suche von Lagerstätten

Die *geochemische Prospektion* stellt sich die Aufgabe, an der Erdoberfläche nicht sichtbare Mineral- und Elementkonzentrationen, die in ihrer Menge und Bedeutung immer mehr zunehmen, aufzufinden. Die Lösung dieser Aufgabe

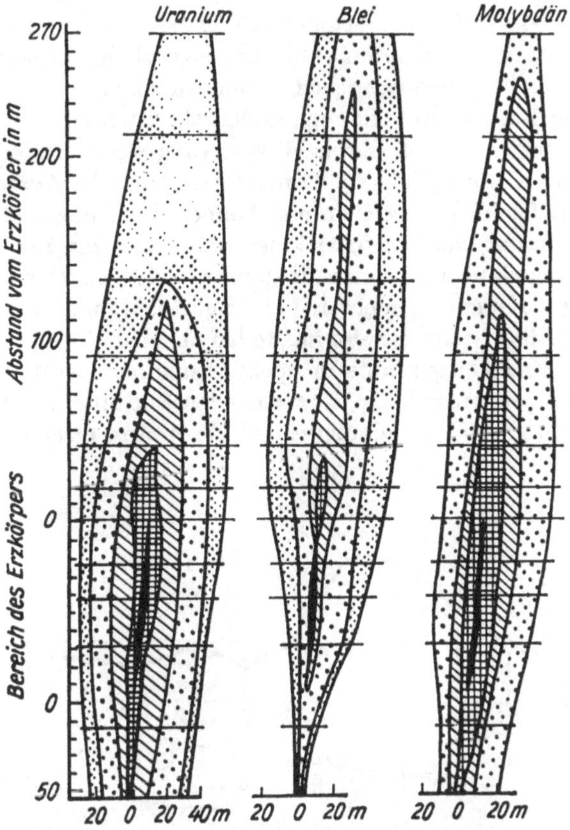

Abb. 7b

Abb. 7. Schematische und reale Darstellung der Art und Verbreitung von primären Dispersionsaureolen um gangförmige Erzkörper [15]

In Abb. 7a sind diese Verhältnisse schematisch dargestellt. Um einen Bleierzkörper bildet sich eine Blei-Aureole, diese wird nach oben durch eine flüchtigere Quecksilber-Aureole ersetzt, und ganz oben kann sich eine noch flüchtigere Iodaureole aufsetzen, die bis zur Tagesoberfläche reicht und hier festgestellt werden kann.

In Abb. 7b sind die gemessenen Aureolen um eine Uraniumlagerstätte eingetragen. Das linke Bild zeigt die Uranium-Aureole selbst, das mittlere Bild die Aureole des primär oder sekundär entstandenen Bleis, und das rechte Bild stellt die Aureole des gleichfalls paragenetisch zugeführten Molybdäns dar.

erscheint auf den ersten Blick ziemlich schwierig zu sein, da die Geochemie ja (im Gegensatz beispielsweise zu den meisten Methoden der Geophysik) eine Probenahme an einem Ort voraussetzt, den ich nicht genau kenne. Hier kommt uns jedoch die Natur selbst in eleganter Weise zur Hilfe. Jede Lagerstätte, ganz gleich ob sie von unten (aszendent) oder von oben sedimentär (deszendent) gebildet wurde, hat neben dem eigentlichen bauwürdigen Lagerstättenkörper eine Aureole, wo die lagerstättenbildenden Elemente und Minerale in geringer Menge und überwiegend fein verteilt vorkommen. Solche Aureolen haben meist mehrfach so große Volumina wie der eigentliche Lagerstättenkörper. Wir unterscheiden bei diesen geochemischen Aureolen solche primärer Art, wenn sie mit der Lagerstättenbildung gleichzeitig entstanden sind, und solche sekundärer Art, wenn sie sich durch Verwitterung einer primären Vererzung oder eines primären Hofes bildeten. Primäre geochemische Aureolen brauchen nicht die Erdoberfläche zu erreichen und können dann nur durch Bohrungen und Bergbau erkannt werden. Sie können aber auch bis zur Erdoberfläche migrieren, bestehen dann aber meist aus stärker flüchtigen oder migrierfähigen, meist nicht erzbildenden Elementen (wie Hg, As, I) und reichern sich wie sekundäre Anomalien beispielsweise im Boden an (Abb. 7).

Die derzeit am meisten genutzte Prospektionsmethode ist die auf sekundäre Aureolen oder Dispersionshöfe. In dem folgenden Bild sind an einem einfachen Beispiel die wichtigsten Erscheinungen und Termini zu ersehen, die bei dieser

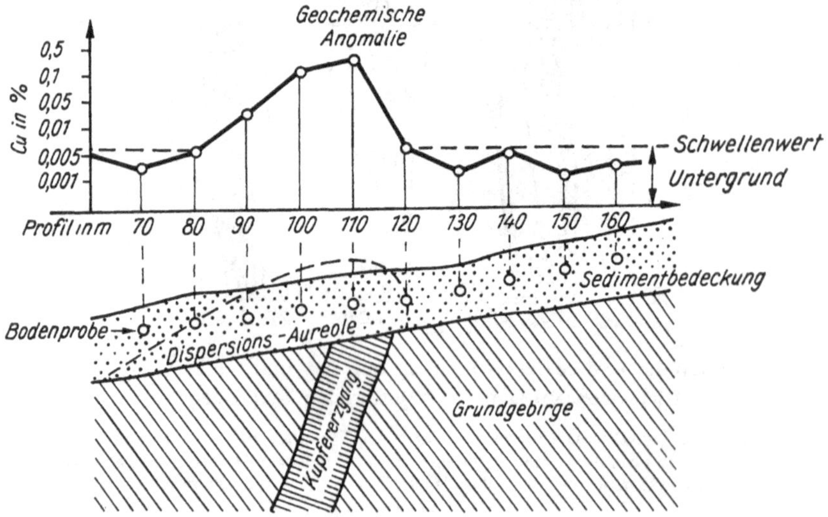

Abb. 8. Schematische Darstellung einer linearen (profilmäßigen) geochemischen Anomalie [15]

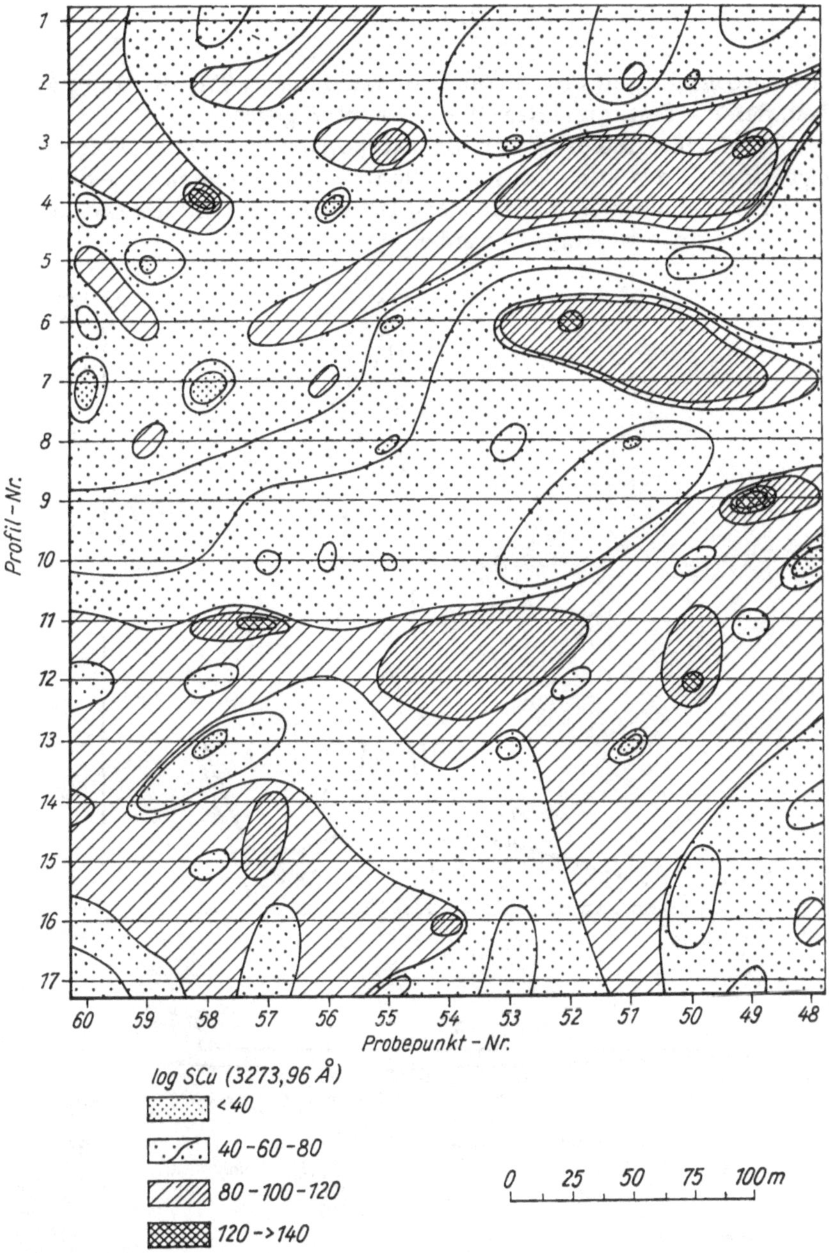

Abb. 9. Zweidimensionale Kartendarstellung der anomalen Bereiche von Cu eines Prospektionsgebietes in der DDR. (Die Cu-Gehalte werden durch die relativen Schwärzungswerte des spektrographischen Methode angegeben)

sog. pedogeochemischen Prospektion benutzt werden (Abb. 8). Es ist zu vermerken, daß die Festlegung der Grenze zwischen geochemischem Untergrund und geochemischer Anomalie, der sog. Störpegel, eine wichtige Vorarbeit für die eigentliche Prospektion ist. Diese Grenze kann graphisch oder durch statistische Berechnungen des vorhandenen Datenmaterials mit unterschiedlicher Sicherheit der Aussage ermittelt werden.

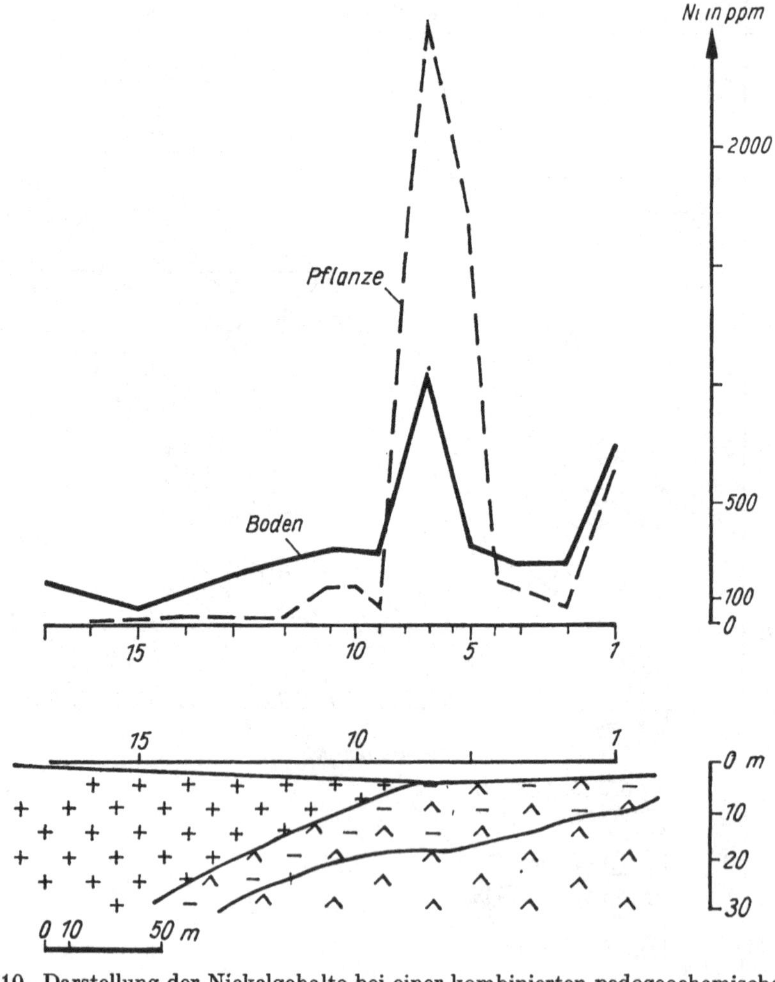

Abb. 10. Darstellung der Nickelgehalte bei einer kombinierten pedogeochemischen und biogeochemischen Prospektion auf hydrosilikatische Nickelerze in der DDR [12]

Unter der Elementverteilung ist das geologische Profil angedeutet, das aus Gabbro (+), Serpentinit (∧) und Serpentinitzersatz (∧ ⊤) besteht.

Durch profil- oder flächenmäßige Probenahme aus einem bestimmten Bodenhorizont ist man in der Lage, anomale Bereiche festzustellen und als Ansatzpunkt für geologische Untersuchungsarbeiten (Schürfe, Bohrungen) zu nutzen. Eine solche flächendeckende Isanomalenkarte ist für das Element Kupfer dargestellt (Abb. 9); Man kann aber im Ausnahmefall auch in dieser Weise auf Elemente und Minerale prospektieren, die selbst nicht löslich sind. Als Indikator beispielsweise für primäre Diamantlagerstätten, die sog. „Durchschlagsröhren" oder pipes, benutzt man die Elemente Ni oder Cr, die in diesen diamantführenden ultrabasischen Gesteinen angereichert sind.

Es ist durchaus logisch, daß solche erhöhten Elementgehalte, die von überdeckten oder verborgenen Erzlagerstätten in den Boden abgegeben werden, nicht nur durch den Boden selbst widergespiegelt werden. Beispielsweise nehmen Pflanzen, die auf solch einem Boden wachsen, in Abhängigkeit von der Höhe des Angebots diese Elemente mehr oder weniger verstärkt auf. Analysiert man solche Pflanzen (Bäume, Sträucher, Gras, Getreide) oder ihre Aschen, lassen sich bei Beachtung bestimmter Regeln bei der Probenahme gute Prospektionsergebnisse erzielen (Abb. 10). Eine solche biogeochemische Prospektion bietet sich natürlich besonders dort an, wo man an den Boden schwer

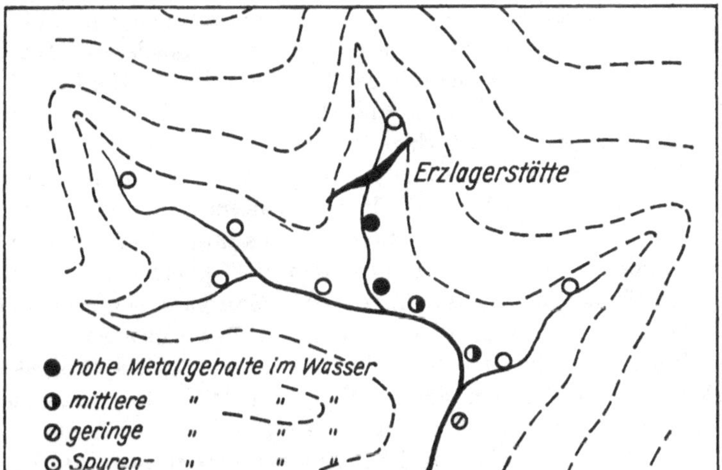

Abb. 11. Beispielhafte Darstellung einer hydrogeochemischen Prospektion [15]

herankommt, da eine mächtige Pflanzen- oder Humusdecke ihn abschirmt (z. B. in tropischen Gebieten).

Ähnlich verhält es sich mit der hydrogeochemischen Prospektion, bei der Mineralisationen durch die Analyse von Wässern an Quellen, Brunnen und Wasserläufen nachgewiesen oder wahrscheinlich gemacht werden können. Auch bei der großräumigen (sog. strategischen) Prospektion ist die Wasseranalyse auf bestimmte Spurenelemente das wichtigste Mittel, einen Erzbezirk aufzufinden. Schematisch soll dies in Abb. 11 erläutert werden. Solche Methoden werden vor allem in vielen geologisch noch nicht kartierten Gebieten angewendet, haben aber auch unter den Bedingungen unserer Republik zu guten Aussagen geführt. Es ist verständlich, daß man sich bei allen diesen Prospektionsvorhaben mit Hilfe sekundärer Aureolen davor hüten muß, Verunreinigungen durch Umwelteinflüsse zu registrieren und als Erzanzeiger zu werten. Zur Ausschließung solcher Fehlinterpretationen werden intensive methodische Arbeiten durchgeführt, auch bei uns in der DDR.

Alle diese geochemischen Untersuchungen erfordern die Analyse von oft vielen Tausenden von Proben mit niedrigsten Elementgehalten in relativ kurzer Zeit. Um diese widersprüchlichen Anforderungen realisieren zu können, bedarf es verschiedener Kompromisse, z. B. in bezug auf die Genauigkeit. Die Emissionsspektralanalyse und die kolorimetrischen Verfahren haben sich dabei als stabilste Methoden bewährt. Unter Feldbedingungen in unbekannten Gebieten lassen sich für die erste Feststellung von beispielsweise Buntmetall-Vererzungen solche einfach zu handhabenden Methoden wie die Leitfähigkeitsmessung, die p_H-Wert-Bestimmung und die kolorimetrische Summenbestimmung der Elemente (z. B. mit Dithizon) nutzen.

In fast allen Ländern der Erde und seit langer Zeit hat sich eine Methode der Mineralsuche besonders bewährt, nämlich die Untersuchung von rezenten und fossilen Flußsedimenten. Wir wenden sie bei uns mit Erfolg an; ihre Hauptanwendung findet sie jedoch in den riesigen z. T. unerschlossenen Gebieten Südamerikas, Afrikas, Asiens und Australiens. Man kann sie in mehreren Varianten nutzen, wobei die reine mineralogische oder reine geochemische Analyse der Flußsedimente die Extreme darstellen. Die mineralogische Prospektion (als Teilgebiet der geochemischen Prospektion) mit Hilfe der Aussiebung und Abtrennung (Sichern) der sog. Schwerminerale gibt die klarsten Aussagen über das Vorhandensein von konkreten Erzanreicherungen, so für Zinn, Zirconium, Niobium-Tantal, Gold, Seltene Erden, Thorium, Quecksilber und viele anderen Elemente, die stabile Minerale bilden. Da aber diese Methode durch den Trennvorgang und die mikroskopische Analytik relativ aufwendig ist, zieht man oft die schnelle spektralanalytische Untersuchung der tonigen Feinfraktion der Flußsedimente vor.

Der Vollständigkeit halber sei abschließend noch erwähnt, daß es eine Reihe weiterer direkter und indirekter geochemischer Prospektionsmethoden gibt, die zur Suche von unterschiedlichen Rohstoff-Lagerstätten angewandt werden. Nicht genannt wurden z. B. bisher die element- und isotopengeochemischen sowie mikrobiologischen Verfahren zur Suche von natürlichen Kohlenwasserstofflagerstätten und zur Feststellung von tektonischen Störungssystemen, auch die Prospektion in wasser- und moorbedeckten Gebieten. Sie komplettieren ein System von geochemischen Suchmethoden, die aus den modernen Geowissenschaften schwer wegzudenken sind. Es ist zu erwähnen, daß immer mehr Länder zur vollständigen geochemischen Kartierung ihres Territoriums übergehen, um damit komplexere Probleme anzugehen, nämlich der Lagerstättensuche, der Kontrolle und der Verbesserung der Versorgung mit essentiellen Elementen im landwirtschaftlichen Sektor und zur Erfassung von Umweltschäden.

Schlußbemerkungen

Diese Darlegungen stellen den Versuch dar, das Wesen (oder Aspekte davon) und einige Aktivitäten der Geochemie darzustellen in der Hoffnung, daß die Form der Ansprache der Probleme auch für Nicht-Geowissenschaftler Ansatzpunkte des Verständnisses ergab. Es ist für eine komplexe Wissenschaft nicht einfach, sich in einer begrenzten Zeit vorzustellen; vieles bleibt unausgesprochen.

Ich denke nur an die erfolgversprechenden Forschungen theoretischer und experimenteller Art auf dem Gebiet der physikalischen Geochemie, die wesentliche neue Erkenntnisse bei der genetischen Deutung von Mineralen, Gesteinen und Lagerstätten erbracht haben und dadurch Prognosen ermöglichten, die auch für die geologische Praxis von grundsätzlicher Bedeutung sind. Sehr bemerkenswert sind auch tiefgründige Erkenntnisse der Organischen Geochemie, die, aufbauend auf den Ergebnissen und Forderungen der Biologie und organischen Energierohstoffe (Erdöl, Erdgas, Kohle) sowie unter Nutzung isotopengeochemischer Daten, ein völlig neues Entwicklungsschema der lebenden und fossilen Materie ergab.

Die dynamische Entwicklung der Geochemie verspricht in Zukunft durch die ungeheuere Fülle des erarbeiteten Datenmaterials und deren immer bessere Auswertung und Verallgemeinerung zur quantitativen Bilanzierung der chemischen Elemente und Isotope zu gelangen. Sie wird dadurch ein unentbehrlicher Partner nicht nur für die Geowissenschaften, sondern für alle sie tangierenden Natur-, Technik- und Gesellschaftswissenschaften werden.

Literatur

[1] Augustithis, S. S. (Hrsg.): The significance of trace elements in solving petrogenetic problems and controversies. – Athen: Theophrastus Publications, 1983.

[2] Autorenkollektiv: Problemy radiogeologii. – Moskau: Verlag Nauka, 1983.

[3] Clarke, F. W.: The data of geochemistry (5. Aufl.). U. S. Geol. Surv. Bull. 770 (1924), 841 Seiten.

[4] Fersman, A. E.: Geochimija. Bd. I–IV. Akad. Nauk SSSR 1933–1939.

[5] Ginsburg, I. I.: Grundlagen und Verfahren geochemischer Sucharbeiten auf Lagerstätten der Buntmetalle und seltenen Metalle. – Berlin: Akademie-Verlag, 1963.

[6] Goldschmidt, V. M.: Geochemistry. – Oxford: Clarendon Press, 1954.

[7] Hawkes, A. E.; Webb, J. S.: Geochemistry in Mineral exploration. – New York usw.: Harper and Row, 1965.

[8] Kowalskij, V. V. M.: Geochemische Ökologie – Biogeochemie. – Berlin: VEB Deutscher Landwirtschaftsverlag, 1977.

[9] Kramer, W.; Pfeiffer, L.; Rösler, H. J.; Werner, C.-D.; Pilot, J.: Vergleichende Geochemie basischer Magmatite unterschiedlicher geologischer Position in der DDR. Teil I und II. Freib. Forsch.-H. C 406 u. C 407.

[10] Kvalheim, A. (Hrsg.): Geochemical Prospecting in Fennoscandia. – New York – London – Sydney: Interscience Publisher, 1967.

[11] Lange, H.: Gegenstandsbestimmung der Geochemie. Freib. Forsch.-H. D 51. – Leipzig: VEB Dtsch. Verlag für Grundstoffindustrie, 1965, S. 103–117.

[12] Leutwein, F.; Pfeiffer, L.: Ergebnisse und Anwendungsmöglichkeiten geochemischer Prospektionsmethoden auf hydrosilikatische Nickelerze. – Geologie, Berlin **3** (1954), 6/7, S. 950–1008.

[13] Perelman, A. I.: Geochemie epigenetischer Prozesse. – Berlin: Akademie-Verlag, 1972.

[14] Rösler, H. J.: Geochemie – Gegenstand, Position und Perspektive. Mitt.bl. Chem. Ges. DDR, Berlin **27** (1980) 4, 73–77.

[15] Rösler, H. J.; Lange, H.: Geochemische Tabellen (2. deutsche Auflage). – Leipzig: VEB Dtsch. Verlag für Grundstoffindustrie, 1975.

[16] Rösler, H. J.; Schrön, W.; Voland, B.: Germanium und Indium – ein Vergleich zwischen regionalen Durchschnittsgehalten und den Clarkewerten. in: Ahrens, L. H. (Ed.); Origin and distribution of the elements. – Oxford, London etc.: Pergamon Press, 1968, S. 1127–1138.

[17] Schroll, E.: Analytische Geochemie, Band I und II, – Stuttgart: F. Enke Verlag, 1975.

[18] Vernadskij, V. I.: Geochemie. – Leipzig: Akad. Verlagsges. Geest u. Portig, 1930.

[19] Yariv, S.; Cross, H.: Geochemistry of colloid systems. – Berlin – Heidelberg – New York: Springer-Verlag, 1979.

Heft 6 Prof. Dr rer. nat. FRIEDRICH WOLF / Dr rer. nat. URSULA KOCH, Über den Einfluß der chemischen Struktur von Dispersionsfarbstoffen auf deren Dispersionsstabilität
1979. 18 Seiten – 3 Abbildungen – 10 Tabellen – 8° – M 3,50

Heft 7 Prof. Dr rer. nat. FRIEDRICH WOLF / Dr. rer. nat. WOLFGANG HEYER, Zur Sorption an Tetracalciumaluminathydroxysalzen 1980. 12 Seiten – 5 Abbildungen – 4 Tabellen – 8° – M 2,–

Band 114

Heft 1 Prof. Dr. HASSO ESSBACH, Morphologisches zur orthologischen und pathologischen Differenzierung und zum Anpassungs- und Abwehrvermögen der menschlichen Placenta
1980. 19 Seiten – 12 Abbildungen – 8° – M 4,–

Heft 2 Prof. Dr. med. WERNER RIES, Risikofaktoren des Alterns aus klinischer Sicht
1980. 19 Seiten – 9 Abbildungen, davon 1 Abbildung auf Tafel – 8° – M 4,–

Heft 3 Prof. Dr. OTT-HEINRICH KELLER, Anschaulichkeit und Eleganz beim Alexanderschen Dualitätssatz
1980. 19 Seiten – 8° – M 4,–

Heft 4 Prof. Dr. rer. nat. BENNO PARTHIER, Die cytologische Symbiose am Beispiel der Biogenese von Zellorganellen 1981. 29 Seiten – 16 Abbildungen – 2 Tabellen – 8° – M 6,–

Heft 5 Prof. Dr. F. WOLF / Dr. S. ECKERT / Dr. M. WEISE / Dr. S. LINDAU, Untersuchungen zur Synthese und Anwendung bipolarer Ionenaustauschharze 1980. 12 Seiten – 6 Tabellen – 8° – M 2,–

Heft 6 Prof. Dr. med. HERBERT JORDAN, Balneobioklimatologie – Eine Zielstellung im Mensch-Umwelt-Konzept 1981. 25 Seiten – 8 Abbildungen – 1 Tabelle – 8° – M 4,–

Band 115

Heft 1 Prof. Dr. rer. nat. HERMANN BERG, Wilhelm Ostwald – Erkenntnisse über die Biosphäre
1981. 36 Seiten – 7 Abbildungen – 3 Tabellen – 8° – M 6,–

Heft 2 Prof. Dr. sc. KLAUS DÖRTER, Aphorismen zur Qualität des Bewässerungswassers
1981. 31 Seiten – 11 Abbildungen – 11 Tabellen – 8° – M 6,–

Heft 3 Prof. Dr. Ing. Dr. h. c. PAUL GÖRLICH, Die geschichtliche Entwicklung des wissenschaftlichen Gerätebaus und seine zukünftige Bedeutung 1981. 36 Seiten – 8° – M 6,–

Heft 4 Prof. Dr. WOLFGANG BUCHHEIM, Albert Einstein als Wegbereiter nachklassischer Physik
1981. 29 Seiten – 8° – M 4,–

Heft 5 Prof. Dr.-Ing. HERBERT KRUG, Die Technologie der Brikettierung von Weichbraunkohle im Lichte der Verfahrenstechnik und der besseren Nutzung dieses Energieträgers
1982. 20 Seiten – 13 Abbildungen – 8° – M 3,–

Heft 6 Prof. Dr. ERNST NEEF, Der Verlust der Anschaulichkeit in der Geographie und das Problem der Kulturlandschaft 1981. 34 Seiten – 8° – M 5,–

Band 116

Heft 1 Prof. Dr. WERNER RIES, Studium zum biologischen Alter
1982. 27 Seiten – 10 Abbildungen – 8° – M 4,–

Heft 2 Prof. Dr. RUDOLF SACHSENWEGER, Augenunabhängige optosensorische Wahrnehmungsformen
1983. 19 Seiten – 8° – M 4,–

Heft 3 Prof. Dr. HANS-GEORG SCHÖPF, Die Griechen und die Natur 1983. 62 Seiten – 8° – M 8,–

Heft 4 Prof. Dr Ing. JÁN BENETIN, Mathematisches Modell für das Wachstum von landwirtschaftlichen Kulturen und seine Verwertung in der quantitativen Beurteilung des Bewässerungseffektes auf die Steigerung der Ernteerträge 1983. 36 Seiten – 18 Abbildungen – 3 Tabellen – 8° – M 6,–

Heft 5 Prof. Dr. HANS DRISCHEL †, Neues über die Pupille
1983. 30 Seiten – 26 Abbildungen – 8° – M 4,–

Heft 6 Prof. Dr. BENNO PARTHIER, Der Beitrag der Molekularbiologie zur Evolutionserkenntnis
1983. 41 Seiten – 19 Abbildungen – 2 Tabellen – 8° – M 6,–

Heft 7 Prof. Dr. ADOLF WATZNAUER, Die Rolle des Radons (Isotop ^{222}Rn) als Umweltfaktor – eine Übersicht
1983. 34 Seiten – 3 Abbildungen – 4 Tabellen – 8° – M 5,–

Band 117

Heft 1 Prof. Dr. sc. KLAUS DÖRTER, Einige Aspekte zum landeskulturellen Nutzen des Meliorationswesens
1984. 31 Seiten – 10 Abbildungen – 11 Tabellen – 8° – M 8,–

Heft 2 Prof. Dr. HERBERT BECKERT, Nichtlineare Elastizitätstheorie 1984. 58 Seiten – 8° – M 8,–

Heft 3 Prof. Dr. HERBERT JORDAN, Zur funktionellen Normalität des Menschen
1984. 29 Seiten – 15 Abbildungen – 1 Tabelle – 8° – M 4,–

Heft 4 Dr. ARND BERNHARDT, Beiträge zum Problemkreis des Landschaftswandels *In Vorbereitung*

Heft 5 Prof. Dr. OTT-HEINRICH KELLER, Das Zählen als angeborene Verhaltensweise
1984. 36 Seiten – 11 Abbildungen – 8° – M 6,–

Heft 6 Prof. Dr. WOLFGANG BUCHHEIM, Komplementarität nach Niels Bohr – Physikgeschichtliche Episode oder universale Kategorie von Ergänzung? 1984. 30 Seiten – 3 Tabellen – 8° – M 4,–

Heft 7 Prof. Dr. BENNO PARTHIER, Gene, Gentechnik, Genmanipulation
1984. 28 Seiten – 7 Abbildungen – 8° – M 4,–

Band 118

Heft 1 Prof. Dr. HANS JÜRGEN RÖSLER, Geowissenschaften und Geochemie *Vorliegendes Heft*

Heft 2 Prof. Dr. HERBERT BECKER, Axiomatik – Mathematik und Erfahrung *In Vorbereitung*

Heft 3 Prof. Dr. HERMANN BERG, Zellfusion, Transformation und Pharmakainkorporation durch Elektrostimulation *In Vorbereitung*

Heft 4 Prof. Dr. N. JOACHIM LEHMANN, Die analytische Maschine. Grundlagen einer Computer-Analytik
1985. 64 Seiten – 5 Abbildungen – 8° – M 8,–

Einzel- oder Fortsetzungsbestellungen durch eine Buchhandlung erbeten

Sitzungsberichte bis Band 108
durch das Zentralantiquariat der Deutschen Demokratischen Republik, Leipzig,
ab Band 109 durch die Universitätsbuchhandlung, 7010 Leipzig, zum Teil noch lieferbar

AKADEMIE-VERLAG BERLIN
DDR 1086 - Berlin, Leipziger Straße 3–4

FSC
www.fsc.org
MIX
Papier | Fördert gute Waldnutzung
FSC® C083411

Kolibri 360 GmbH
Ferdinand-Jühlke-Straße 7
99095 Erfurt, Deutschland
produktsicherheit@kolibri360.de